BEI GRIN MACHT SICH IHR WISSEN BEZAHLT

AF149913

- Wir veröffentlichen Ihre Hausarbeit,
  Bachelor- und Masterarbeit

- Ihr eigenes eBook und Buch -
  weltweit in allen wichtigen Shops

- Verdienen Sie an jedem Verkauf

Jetzt bei www.GRIN.com hochladen und kostenlos publizieren

Andrea Verso

Fächerverbindendes Arbeiten in einer 7. Klasse am Beispiel Europa

GRIN Verlag

Bibliografische Information der Deutschen Nationalbibliothek:

Die Deutsche Bibliothek verzeichnet diese Publikation in der Deutschen National-
bibliografie; detaillierte bibliografische Daten sind im Internet über http://dnb.d-
nb.de/ abrufbar.

Impressum:

Copyright © 2006 GRIN Verlag GmbH
Druck und Bindung: Books on Demand GmbH, Norderstedt Germany
ISBN: 978-3-638-76424-7

Dieses Buch bei GRIN:

http://www.grin.com/de/e-book/48538/faecherverbindendes-arbeiten-in-einer-7-
klasse-am-beispiel-europa

GRIN - Your knowledge has value

Der GRIN Verlag publiziert seit 1998 wissenschaftliche Arbeiten von Studenten, Hochschullehrern und anderen Akademikern als eBook und gedrucktes Buch. Die Verlagswebsite www.grin.com ist die ideale Plattform zur Veröffentlichung von Hausarbeiten, Abschlussarbeiten, wissenschaftlichen Aufsätzen, Dissertationen und Fachbüchern.

SCHRIFTLICHE HAUSARBEIT

THEMA:

Fächerverbindendes Arbeiten
in einer 7. Klasse
am Beispiel „Europa"

Inhaltsverzeichnis

1 Vorüberlegungen

„Die Hausarbeit muss sich auf Ihren Unterricht beziehen!", diese Worte der Pädagogik-leiterin verhärteten sich in meinem Kopf. Immer und immer wieder hatte ich mir überlegt, über was ich schreiben könnte; aber mir wollte einfach keine zündende Idee kommen. Ein pädagogisches Thema! Viele hatten schon in den Ferien Themen gefunden: Differenzierung, Umgang mit Störungen... all das stand hoch im Kurs. Sollte ich auch – nein lieber nicht, oder vielleicht doch? Diese verflixte Themenfindung, wenn mir das schon so schwer im Magen lag, wie soll es dann erst werden, wenn ich die Arbeit schreiben muss?

Langsam kam mir ein Gedanke: warum sollte ich nicht versuchen, zwei Fächer, die im Grunde nicht allzu viel gemein hatten, zu verbinden? Vielleicht konnte ich dabei selbst ein paar Dinge entdecken."

So ähnlich haben sich die Vorüberlegungen zu dieser Arbeit in meinem Kopf abgespielt. Daraus entstand dann der Titel „Fächerverbindendes Arbeiten in einer 7. Klasse am Beispiel Europa". Nachdem ich erfahren hatte, dass ich in diesem Schuljahr eine 7. Klasse in den Fächern WZG und Mathematik unterrichten würde, stellte ich Überlegungen an, wie ich diese beiden Fächer verbinden könnte. Gerade diese beiden Fächer werden oft isoliert betrachtet, aber meines Erachtens gehören WZG und Mathematik genauso mit den übrigen Stunden verbunden wie alle anderen Fächer auch. Mir ist durchaus bewusst, dass man nicht bei jeder Thematik und in jeder Stunde eine Verknüpfung finden kann, und dass diese beiden Fächer relativ gut aus dem übrigen Fächerverbund herausgelöst und von einem anderen Kollegen unterrichtet werden können. Gerade deshalb wollte ich versuchen, diese beiden „Außenseiter" zu kombinieren und füreinander zu gebrauchen. Viele Inhalte des Mathematikunterrichtes, z.B. die natürlichen, die ganzen und die dezimalen Zahlen, lassen sich im WZG-Unterricht wiederfinden. Häufig benutzen wir die mathematischen Unterrichtsstellen öfter als dies teilweise im Fachunterricht möglich ist. In meiner vorliegenden Arbeit möchte ich diese unbewussten Trainingsstellen aufzeigen und einen Erfahrungsbericht über das Arbeiten in meiner 7. Klasse geben.

2 Fachdidaktische und fachwissenschaftliche Ansätze

2.1 Das Prinzip „fächerübergreifenden Unterrichts"

Bevor ich zu dem Hauptteil meiner Arbeit komme, möchte ich versuchen fachwissenschaftliche und fachdidaktische Ansätze des Prinzips „fächerübergreifenden Unterrichts" aufzuzeigen.

Der Idee „fächerübergreifenden Unterrichts" liegt die Erkenntnis zugrunde, dass die methodischen Fachdisziplingrenzen nicht mit den lebensweltlichen Erfahrungen der SchülerInnen zusammenfallen. Auf der Suche nach Erklärungsansätzen hierfür begegnet man immer wieder dem Begriff der „Ganzheit" oder „Ganzheitlichkeit". Der Begriff der „ganzheitlichen Erfahrung" wird hier dem fachspezifischen Lernen gegenübergestellt. Komplexe Phänomene werden also zunächst als „Ganzes" wahrgenommen und dann in ihre Einzelkomponenten zerlegt. In dem nachfolgendem Erkenntnisprozess wird diese Erkenntnis dann in Einzelkomponenten zergliedert. Hinter dem Begriff der Ganzheit verbirgt sich somit der Anspruch, unterschiedliche Fachperspektiven miteinander zu vernetzen.

Northemann[1] definiert „fächerübergreifenden Unterricht" folgendermaßen: *„Ein fächerüber-greifender Unterricht vereinigt bei der Betrachtung komplexer Sachverhalte die Sichtweisen verschiedener traditioneller Schulfächer und wendet ihre Methoden verbunden auf sie an: Er versucht, der vorgegebenen Komplexität seiner Gegenstände durch eine vielseitig aspektierende Betrachtungsweise didaktisch zu entsprechen."*
Ebenso verstehen auch *Dörmer und Obermaier*[2] unter „fächerübergreifendem Unterricht" die Verbindung der Inhalte und Ziele eines Unterrichtsfaches mit den Inhalten und Zielen anderer Unterrichtsfächer. Hieraus wird der Anspruch abgeleitet, dass bestimmte komplexe Themengebiete von verschiedenen Fächern bzw. von verschiedenen fachlichen Ansatzpunkten her betrachtet und bearbeitet werden müssen. Je nach Thematik werden die beteiligten Disziplinen mit einbezogen. Hierbei stützt sich der „fächerübergreifende Unterricht" auf die jeweiligen Arbeitsmethoden und das Spezialwissen der Einzelfächer. Die Zusammenführung der beiden Felder, Wissen und Arbeitsmethoden, sollte dabei nicht additiv, sondern vernetzt erfolgen. Nur so können thematische Beziehungen und Verknüpfungen hergestellt werden.

---

[1] Northemann, W.: Fächerübergreifender Unterricht , 1970, S. 837.

[2] Dörmer, U., Obermaier, G.: Fächerübergreifender Unterricht/Fachübergreifender Unterricht, 1999, S. 42-43.

2.2 Formen „fächerverbindenden Arbeitens"

In Verbindung mit dem häufig verwendeten Begriff des „fächerübergreifenden Unterrichts" ist es in den vergangenen Jahren zu einer Vielzahl von Begriffen gekommen, die alle den Anspruch haben, eine bestimmte Form der Fächerzusammenarbeit begrifflich zu fassen. In Anlehnung an *Obst und Kirchberg*[3] werden hier aus Gründen der Übersichtlichkeit lediglich die vier wichtigsten Formen unterschieden:

Fachunterricht: Das Einzelfach bestimmt mit seinen fachlichen Methoden und Inhalten den Gegenstand und die Abfolge des Unterrichts. Nach wie vor hat das Schulfach eine zentrale Stellung in unserem Schulwesen. Es bietet den Rahmen, in welchem außerschulische Stoffe und Probleme zu Be reichen schulischen Lernens werden.

Fach- oder fächerübergreifender Unterricht: Wie beim Fachunterricht bestimmt hier das Einzelfach mit seiner Fachstruktur den Unterricht. Fach- oder fächerübergreifender Unterricht innerhalb eines Faches ist dann zu leis ten, wenn in Bezug auf ein Thema auch Erkenntnisse anderer Fächer notwendig sind, um überfachliche Zusammenhänge zu erschließen. So könnte beispielsweise bei der Behandlung des Themas „Europa" ein Schülerreferat über die historische Entwicklung der EU info rmieren und so Grundlagenwissen für geographische und geschichtliche Betrachtungen sichern.

Fächerverbindender Unterricht: Dieses Konzept setzt nicht bei den Einzelfächern an, sondern bei Überlappungen und Schnittmengen zwischen den Fächern. Ein gemeinsames Thema wird aus der Perspektive der jeweiligen Fächer parallel bearbeitet.
Ein solches Beispiel für „fächerverbindenden Unterricht" ist in Abschnitt ???ß aufgeführt.

Überfachlicher Unterricht: Bei dieser ausgeprägtesten Form der Fächerzusammenführung wurden die Fachstrukturen der Einzelfächer komplett aufgegeben. An ihrer Stelle steht nun ein ungefächertes Vorgehen nach Lernbereichen.

Die unterschiedlichen Begriffe sollen den Grad der Integration der einzelnen Inhalte zum Ausdruck bringen. Die folgende Abbildung soll sowohl eine Zusammenfassung, als auch eine Gegenüberstellung der unterschiedlichen Formen „fächerverbindenden Arbeitens" zeigen:

---

[3] Kirchberg, G.: „Fächerübergreifender" Geographieunterricht, 1998, S. 2-8.

Fachdidaktische und fachwissenschaftliche Ansätze

Bezeichnung	graphische Veranschaulichung	zugrundeliegendes Unterrichtsprinzip	Formen der Zusammenarbeit	Auswahlfelder der Gegenstände	Stellung der Fächer	Schülerorientierung durch:
Fachunterricht		Fachbindung als Unterrichtsprinzip	fachbezogene Unterrichtsabfolge	fachliche Inhalte und Methoden	Einzelfach bestimmt stark den Unterricht	...interessenweckende Auswahl der Schwerpunkte, v. a. durch Verbindungen mit dem Alltag der SchülerInnen
Fach- oder fächerüber-greifender Unterricht		Verflechtung als Unterrichtsprinzip	lockere Fächerkooperation	Inhalte und Methoden eines Leitfaches	Einzelfach bestimmt den Unterricht und schließt Ausblicke auf Gegenstände anderer Fächer mit ein	...,,Aufweitung" der Fachinhalte, z.B. durch Bezüge zur Umwelt der SchülerInnen und zu anderen Unterrichtsfächern
Fächer-verbindender Unterricht		Überlappung als Unterrichtsprinzip	inhaltliche und organisatorische Fächerkoordination	Schnittfelder zwischen den Fächern	Einzelfächer bestehen nebeneinander fort und arbeiten einander planmäßig zu	...ganzheitliche Sichtweisen und fachoffene, lebensnahe Zugänge
Überfachlicher Unterricht		Integration als Unterrichtsprinzip	Aufhebung des traditionellen Fachunterrichts	fachunabhängige Lernfelder	Fächer schimmern nur noch durch Fragestellungen oder Methoden durch	...Anknüpfung an komplexe Lebenssituationen der SchülerInnen und der Gesellschaft

Schaubild 1: Formen „fächerverbindenden Arbeitens".

3 Der WZG- und Mathematikunterricht im 7. Schuljahr

Der gegenwärtige Unterricht wird zunehmend durch Prinzipien wie «Öffnung des Unterrichts», «Lernen in Zusammenhängen» und «Lernen auf individuellen Wegen» bestimmt. Diese Forderungen haben auch ihre Gültigkeit im WZG- und Mathematikunterricht. Jedes dieser Prinzipien gliedert sich in mehrere Aspekte, von denen ich nur solche erläutere, die für mein Vorhaben von Bedeutung sind. Die Öffnung des Unterrichts schließt neben der inhaltlichen, der methodischen und der sozial-integrativen Öffnung auch das Überschreiten der Fachgrenzen mit ein. Auf diese Weise wird erreicht, dass die Kinder in Sinnzusammenhängen lernen, denn sie erschließen sich ein Problem, das sich aus einer sie betreffenden Situation ergeben hat. Dies wird im neuen Bildungsplan verstärkt berücksichtigt und gefördert. Im Unterricht ist es nun wichtig, dass der Lehrer den Kindern sinnvolle, herausfordernde Probleme stellt, diese gemeinsam reflektiert werden und so die individuellen Erfahrungen der Schüler Berücksichtigung finden. Durch diese Vorgehensweise findet auch das dritte Prinzip, nämlich das «Lernen auf individuellen Wegen», seinen Eingang in den Schulalltag. Durch den Austausch von Erfahrungen können die SchülerInnen einerseits ihre Lösungswege darstellen, aber auch andere Möglichkeiten entdecken.

Insgesamt wird für den allgemeinen Unterricht vielfältiges, fächerübergreifendes und (selbst)entdeckendes Lernen gefordert. Vielfältig meint, dass man möglichst viele Sinneskanäle anspricht, denn jedes Kind lernt mit Hilfe eines anderen Sinnes am Besten. *„Nicht jedes Kind, dem erst nach dem dritten Anlauf «ein Licht aufgeht», muss zwangsläufig dumm sein. Vielleicht haben wir es nur nicht in seiner Sprache angesprochen – nicht mit dem Sinn gearbeitet, der es anspricht.* "[4] Aus diesem Grund ist es notwendig den Kindern mehrere Zugangsmöglichkeiten zu einem Unterrichtsgegenstand anzubieten, was in einem fächerübergreifenden Handeln ermöglicht werden kann. Dieses „fächerübergreifende Arbeiten" sollte fließend geschehen, ohne dass sich der Schüler des „Grenzübertrittes" immer bewusst ist. Allerdings erscheint es auch sinnvoll den SchülerInnen Hinweise zu geben, wofür sie diesen (Fach)Inhalt im (Schul-)Alltag benötigen und dass es sich dabei nicht nur um ein auf ein Fach beschränktes Wissen handelt. Solche Hinweise müssen nicht nur vom Lehrer gegeben werden, sondern können auch von den SchülerInnen selbst entdeckt werden. Es ist Aufgabe des Lehrers eine Situation zu schaffen, die die Klasse zu einem Problem führt, das sie mit Hilfe von bereits Gelerntem oder ansatzweise Gelerntem lösen können. Entdeckendes Lernen kann in jeder Stunde stattfinden und sollte den SchülerInnen auch die Möglichkeit

---

[4] aus: Wunderlich: 1,2,3 mit allen Sinnen, 2000, S.7.

bieten, über selbstgefundene Lösungswege ihre individuellen Zugänge zur Themenerschließung zu nutzen. Diese Art des Lernens ist nachhaltig, denn die Kinder erarbeiten sich einen Inhalt durch das Einüben von Kompetenzen. D. h. selbst wenn sie den Inhalt wieder vergessen sollten, ermöglichen ihnen die ausgebildeten Kompetenzen, sich daraus den Inhalt oder benötigte Teile wieder herzuleiten.

Da ich nicht die Möglichkeit habe, alle von mir durchgeführten Stunde zu schildern, werde ich im folgenden vier exemplarische Stunden ausführlich beschreiben, wobei ich zunächst die Situation der Klasse schildern werde, um dann mit der Reflexion abzuschließen.

4   Die Situation der Klasse

Im folgenden möchte ich meinen ersten Eindruck in der Klasse beschreiben. Ich unterrichte die Klasse sieben Stunden pro Woche, zwei Stunden in WZG und fünf Stunden in Mathematik. Die SchülerInnen habe ich dadurch sehr schnell kennen gelernt. Es gehen 10 Mädchen und 10 Jungen im Alter von 12 bis 14 Jahren in die Klasse 7c. Den höchsten Anteil der SchülerInnen bilden die Spätaussiedlerkinder. In der Klasse findet man auch andere Nationalitäten: Italienisch, Libanesisch, Kurdisch, Kroatisch und Deutsch. Fast alle SchülerInnen verfügen nicht über ausreichende Deutschkenntnisse, so sind sie bei vielen Arbeitsaufträgen aufgrund der Sprache überfordert und benötigen eine vereinfachte Aufgabenstellung sowie gezielte Hilfestellungen. Die Klasse ist es gewöhnt, selbständig und in offenen Unterrichtsformen zu arbeiten.

Aufgrund meiner Beobachtungen stellte ich zusätzlich fest, dass die Klasse eine große Heterogenität bezüglich Wissensstand, Lern- und Entwicklungsstand sowie der Lernbereitschaft aufweist. Besonders Martina, Midia, Marc und Aleksander bereichern durch ihre guten Beiträge den Unterricht. Einige SchülerInnen haben ein mangelndes Durchhaltevermögen und enorme Defizite sich zu konzentrieren. Ein Grund dafür ist sicherlich die Sozialisations- und Schulwirklichkeit dieser SchülerInnen. Die Herkunftsfamilien der meisten SchülerInnen weisen zerrüttete Verhältnisse oder Zeichen der Vernachlässigung auf, in denen wenig oder keine Anleitung bzw. Erziehung stattfindet.
Als letztes sei noch gesagt, dass zu Beginn dieses Schuljahres ein Klassenlehrerwechsel stattfand, was die Klasse als einen sehr gravierenden Einschnitt erlebte.

5 Durchführung des Unterrichts

Die Vorbereitung für mein „fächerverbindendes Arbeiten" hat bereits zu Anfang des Schuljahres begonnen. Ich führte verschiedene Befragungen und Lernspiele durch, um den Lern- und Wissensstand der SchülerInnen zu ermitteln. Bei der Befragung war mir wichtig zu erkennen, welche Sozialformen sie bis zu diesem Zeitpunkt eingeübt hatten. Dabei wollte ich erfahren, welche Sozialformen sie gut und welche sie weniger gut fanden. Durch die Lernspiele sollte der Wissensstand der SchülerInnen überprüft werden. So erfuhr ich, wo ich sie „abholen" sollte.

Erst in der vierten Schulwoche begann ich das Thema „Europa" fächerverbindend einzuführen. Ich entschied mich, die Stunden nicht mehr als Mathematik- und WZG-Stunden zu bezeichnen, sondern sie als „fächerverbindende Stunden" aufzufassen.

Schulwoche	Inhalt: WZG	Inhalt: Mathematik
12.09.-16.09.	Befragungsbogen und Lernspiele	Befragungsbogen und Lernspiele
19.09.-23.09.	Auf der Suche nach Europa	Wiederholung: Rechnen mit Brüchen
26.09- 30.09.	Die Großlandschaften und die Teilräume Europas	Wiederholung: Rechnen mit Dezimalzahlen
03.10.-07.10.	Die wichtigsten Staaten, Hauptstädte, Flüsse, Meere und Seen in Europa	Einführung und alltagsorientierte Übungen der Ganzen Zahlen anhand des Themas Europa + Stationsarbeit
10.10.-14.10.	Was ist Klima, Wetter und Witterung? Das Klima in Europa	Ganze Zahlen durch Experimente erfassen + Klimadiagramme lesen, interpretieren und zeichnen
17.10.-28.10.	Erstellen einer Wandkarte + Vorbereitung einer Präsentation über einen Staat in Europa	Exkurs: Der Maßstab + Vorbereitung einer Präsentation über einen Staat in Europa

Schaubild 2: Übersicht über den Aufbau meiner durchgeführten Stunden. Die blau markierten Unterrichtsstunden werden weiter unten ausführlich beschrieben; die rot markierten Unterrichtsstunden werden Inhalt meiner Präsentation sein.

6   Mathematik und WZG im „fächerverbindenden Arbeiten"

6.1   Vorüberlegungen

«Wozu lernen wir das?», «Das werde ich nie brauchen!». Gerade im Mathematikunterricht hört man häufig solche Schüleräußerungen. Motivation ist im Mathematikunterricht erfahrungsgemäß immer wieder ein zentrales Thema. Es ist schwierig, SchülerInnen innermathematisch zu motivieren – außer es stecken individuelle Neugiermotive dahinter. Dies gelingt besser durch außermathematische Themenorientierung. Hierfür ist das Fach WZG durch seine lebensnahen Inhalte besonders geeignet. Ein positiver Nebeneffekt ist, dass die Mathematik belebt und erfahrbar wird. Sie wird plötzlich relevant und ermöglicht Sachverhalte präzise darzustellen bzw. zu beschreiben.

Bei meiner Planung habe ich mich entschieden, die SchülerInnen nicht darüber aufzuklären, dass wir das Thema fächerverbindend behandeln werden. Ich wollte, dass die SchülerInnen selbst erkennen, welche Vorteile es hat, Zusammenhänge fächerverbindend zu erfassen.

Daraus ergeben sich folgende Zielsetzungen für meinen Unterricht:

Kognitive und fachliche Ziele

Ich gestalte meinen Unterricht so, dass die SchülerInnen...

> ➢   Ganze Zahlen kennen lernen und in der Umwelt finden
> ➢   Ganze Zahlen vergleichen und der Größe nach am Zahlenstrahl ordnen können
> ➢   Klimadiagramme lesen, interpretieren und zeichnen können
> ➢   Tabellen und unterschiedliche Darstellungen auswerten
> ➢   ihre Ergebnisse präsentieren können.

Pädagogische und soziale Ziele

Ich gestalte meinen Unterricht so, dass die SchülerInnen...

> ➢   ihre Kreativität und ihr „bewegliches Denken" trainieren
> ➢   ihre sprachlichen Fähigkeiten und ihre Kommunikationsfähigkeit
>   weiterentwickeln
> ➢   ihre sozialen Kompetenzen und ihre Kooperationsfähigkeit erweitern
> ➢   ihre Präsentationskompetenz weiter ausbilden.

7 Beschreibung exemplarischer Stunden

7.1 Einführung und Übungsstunden der Ganzen Zahlen anhand des Themas Europa

Die Unterrichtsstunde begann mit einer Einstimmungsphase, die durch eine Präsentation einiger Dias mit Sehenswürdigkeiten der verschiedenen Staaten Europas gestaltet wurde. Währenddessen fand ein Gespräch statt, in dem die SchülerInnen über bekannte Sehenswürdigkeiten Europas berichteten, die sie z.B. im Urlaub schon mal gesehen hatten. Im Anschluss daran bildeten die SchülerInnen Zweier-Gruppen und suchten in Lexika, Büchern, Zeitschriften und Reisekatalogen Informationen bezüglich der Lage und Entstehungszeit dieser Sehenswürdigkeiten. Die Ergebnisse wurden anschließend auf Kärtchen geschrieben und auf die Seitentafel geheftet. Von Michael kam bald die Frage: „Was bedeutet v. Chr. und n. Chr.?" Worauf Marc meinte: „Manche Sehenswürdigkeiten wurden vor Christus und manche nach Christus erbaut!" Aleksander ahnte worauf ich hinaus wollte und sagte: „Die Zahlen vor dem Jahr 0 schreibt man mit v. Chr. und die Zahlen nach der 0 mit n. Chr.!" Diese Aussage Aleksanders führte die Klasse zur Problemfrage: „Gibt es in der Mathematik auch Zahlen vor der Null?" Diese Frage wurde an die Tafel geschrieben. Im Anschluss erhielten die SchülerInnen die Gelegenheit, Hypothesen zur Beantwortung der Frage zu bilden. Diese wurden an der Seitentafel festgehalten.

Die Problemlösungsphase begann mit der Aufteilung der Klasse in „Forschergruppen". Folgende Themen sollten mithilfe ausgewählter Informationstexte, Bilder und Diagramme in den Gruppen bearbeitet werden:

- Temperaturangaben
- geographische Höhenangaben
- Pegelstände
- Zeitverschiebung

Am Schluss präsentierten die Gruppen ihre Ergebnisse anhand von Plakaten.

Anschließend wurde in einem Sitzkreis „die Frage der Stunde" erneut aufgegriffen und beantwortet.

Die Festigung der „Ganzen Zahlen" fand in den folgenden Stunden unter zu Hilfenahme verschiedener Freiarbeitsmittel, wie z.b. Girokontoauszügen, Zeitungsartikeln mit Wetterberichten und Arbeitsblättern statt.

Reflexion:

Das war meine erste „fächerverbindende Stunde" und wie erwartet fiel vielen SchülerInnen die neue Art des Arbeitens schwer. Eine Bemerkung eines verwirrten Schülers war: „Herr Verso, haben wir jetzt Mathematik oder „Erdkunde"? Mit der Bemerkung wurde mir klar, wie wichtig es gewesen wäre, von Anfang an meine Absichten den SchülerInnen gegenüber transparent zu machen. In meiner Vorüberlegung wurde bereits erwähnt, dass ich den SchülerInnen nicht sagen wollte, wieso ich das Thema fächerverbindend aufziehen möchte. Die SchülerInnen sollten selbst die Erkenntnis gewinnen, dass „fächerverbindendes Arbeiten" Zusammenhänge besser erklären lässt. Deshalb ließ ich die oben aufgeführten Themen in Forschergruppen bearbeiten. Diese Themen sind nicht nur alltagsorientierte Beispiele. Sie schließen durch ihre „erdkundlichen Inhalte" auch positive und negative Zahlen mit ein.

Nach einer kurzen Gedankenpause und einem erneuten Erklärungsversuch, was WZG bedeutet, sah ich die Chance meine Absichten zu verwirklichen und machte dann mit größerer Willensstärke weiter. Ich war mir sicher, auf dem „Guten Weg" zu sein, indem ich die Denk- und Sichtweise der SchülerInnen anregte und ihnen auch die Chance bot, sie zu vernetzen. Für meine weitere Arbeit bedeutete dies, dass ich in meinem Unterricht immer wieder Vernetzungen anbieten würde, so dass die SchülerInnen erkennen, welche Möglichkeiten geöffnet werden, wenn man in Zusammenhängen lernt.

Die Art der Festigung, die ich für die weiteren Stunden gewählt habe, wird von mir immer wieder in verschiedenen Übungsformen aufgegriffen und in Lerntheken an einer Station geübt. Dabei ist es mir wichtig, dass die SchülerInnen nicht nur auf der enaktive Ebene, also mit konkretem Material, arbeiten können, sondern auch auf der ikonischen und symbolischen Ebene.

7.2 Das Klima in Europa

Nach einer kurzen Wiederholung der Begriffe Wetter, Klima und Witterung wurde in meinem weiteren Ablauf das Klima in Europa behandelt. Die Stunde begann mit einer Situations- und Bilderbeschreibung von zwei Mädchen: „Helsinki, 15.Mai. Der letzte Schnee schmilzt. Katijna freut sich, denn jetzt kann sie endlich wieder länger draußen sein. Sie und ihre Freundinnen haben sich zu einem Spaziergang verabredet. Die Mädchen tragen Wollmützen und dicke Pullover, obwohl die Sonne scheint. Noch immer ist es kalt. Athen, 15. Mai. Marilena spielt mit ihrer kleinen Schwester im Garten. Es ist warm. Das Thermometer zeigt 22°C im Schatten. Marilenas Freundinnen kommen bald vorbei. Sie wollen im Garten unter den Bäumen Tee trinken".

Mit dem Einstieg war eine Situation geschaffen, die die Klasse zu einem Problem führte: "Woran liegt es, dass die Temperaturunterschiede zwischen Nordeuropa und Südeuropa so groß sind?" Ziel der Stunde war, anhand von Experimenten und Informationstexten einen Antwort auf diese Frage zu finden und eigene Plakate zu gestalten. Dies sollte in Gruppenarbeit erreicht werden, wobei vier Gruppen experimentierten und zwei Gruppen Informationstexte erarbeiteten. Nach der Präsentation der Plakate konnte die Klasse schließlich mit Mühe die Frage der Stunde richtig beantworten. Manche SchülerInnen waren dabei überfordert gewesen, alle Zusammenhänge zu strukturieren und zu vernetzen.

Reflexion:

Die Kinder haben auf die Situations- und Bildbeschreibung der zwei Mädchen sehr spontan reagiert. Während der Experimente stellte ich fest, wie die Neugierde der Kinder wuchs. Sie wollten unbedingt erfahren, wieso in Europa solche Temperaturgegensätze herrschen. Die SchülerInnen waren immer bei der Sache geblieben. Sogar die SchülerInnen, die häufig an Konzentrationsschwäche und an Durchhaltevermögen leiden, arbeiteten intensiv mit, so dass es zu tolle Plakatgestaltungen und Präsentationen kam.

In einer gemeinsamen abschließenden Reflexion stellte ich aber auch anhand der Rückmeldungen der SchülerInnen fest, dass ich in meiner Stunde manche von ihnen überfordert hatte. Durch die Experimente, Informationstexte, Plakatgestaltungen, Präsentationen und Transferleistung hatte ich viel zu viel von meinen SchülerInnen erwartet.

Es wäre besser gewesen, jede Gruppe experimentieren zu lassen und dann in der folgenden Stunde die Informationstexte gemeinsam zu erarbeiten.

In Zukunft werde ich die Inhalte der Stunde kürzen und dadurch übersichtlicher gestalten, um frustrierten Reaktionen mancher SchülerInnen entgegenzuwirken.

7.3 Ganze Zahlen durch Experimente erfassen

In dieser Stunde bauten wir auf die Klimastunde weiter auf. An dieser Stelle konnte sich die „Forschergruppe" zum Thema Temperaturangaben äußern. Bereits in der Stunde zuvor hatten sie festgestellt, dass ganze Zahlen bzw. negative Zahlen auch bei Temperaturangaben vorkommen. Um ein praktisches Beispiel aus dem Alltag zu bringen und um den SchülerInnen die Möglichkeit zu geben, den Sachverhalt selbst zu entdecken, begann ich meine Stunde mit einem Experiment. Ich gab den SchülerInnen ein Thermometer, eine Schale voll Wasser mit Eiswürfeln und eine Schale mit heißem Wasser. Bevor ich weitere Hinweise geben konnte, begannen die SchülerInnen zu experimentieren. In beiden Schalen wurde die Wassertemperatur gemessen. Schon die ersten SchülerInnen machten bedeutsame Entdeckungen: „Auf dem Thermometer stehen auch ganze Zahlen!" Nach einer kurzen Weile hielten wir die Ergebnisse mithilfe einer Tabelle an der Tafel fest. Im Klassengespräch gelang die Verknüpfung, dass die Temperatur im kalten Wasser, der Temperatur am Morgen, und die Temperatur im heißen Wasser, der Temperatur am Mittag, entspricht. Eine Veranschaulichung und Festigung der ganzen Zahlen (die Temperaturen) fand im Anschluss am Zahlenstahl und anhand weiterer Übungen statt.

Reflexion:

Nach der Feststellung die SchülerInnen in der letzten Stunde überfordert zu haben, wollte ich in dieser Stunde durch das beschriebene Experiment eine am Alltag orientierte Situation schaffen. Die SchülerInnen nannten so viele Beispiele, dass ich nach einiger Zeit unterbrechen musste, um mit meiner geplanten Stunde fortzufahren. Daran sah ich, wie wichtig es ist, die Erfahrungen der SchülerInnen immer wieder in meine Stunden mit einzubinden. Die Stunden werden dadurch lebendiger und die SchülerInnen sind in dieser Zeit aufmerksamer.

Durch die Übertragung der ganzen Zahlen auf den Zahlenstrahl wurde eine neue Ebene des EIS-Prinzips erreicht. Von der enaktiven Ebene im Experiment gingen wir in die ikonisch-symbolische Ebene über. In den Übungen fand immer eine Verknüpfung beider Ebenen statt. Durch ausgewählte Differenzierungsaufgaben konnte ich allen SchülerInnen gerecht werden. Wer noch Schwierigkeiten hatte sich die Zahlen vorzustellen, konnte sich in der Freiarbeitstheke Material holen. Die Anderen sicherten das Gelernte anhand von Übungsblättern.

7.4 Klimadiagramme lesen, interpretieren und zeichnen

Bei diesem Punkt der Unterrichtsplanung war mir besonders wichtig, dass die SchülerInnen jetzt auch das Gelernte zu den Temperaturunterschieden zwischen Helsinki und Athen transferierten. Um den Temperaturunterschied noch stärker zu verdeutlichen, entschied ich mich in den folgenden Stunden eine Folie mit dem Klimadiagramm von Helsinki auf den Overheadprojektor aufzulegen und zu besprechen. Dabei führte ich das Klimadiagramm schrittweise ein. Zuerst wurde die Temperaturkurve angesprochen und danach die Niederschlagskurve. In der gleichen Art und Weise erfolgte die Erarbeitung des Diagramms von Athen. Dieses wurde zum Vergleich herangezogen, was notwendig war, um Einsichten zu schaffen. Im Anschluss daran legte ich beide Diagramme auf dem Projektor übereinander, wodurch die Unterschiede der beiden Klimastationen nochmals verdeutlich werden konnten. Beide Orte wurden dann auf der Wandkarte gekennzeichnet und mit Fähnchen verortet. Zur Einübung der fachspezifischen Arbeitsweisen wurden den SchülerInnen weitere Klimatabellen gegeben, die sie zu Hause selbständig als Klimadiagramme erstellen sollten. Die Ergebnisse der Hausaufgaben dienten als Einstieg für die nächste „fächerverbindende Stunde".

Reflexion:

Anhand des Inhaltes „Klimadiagramme" wurde die Dritte und letzte Ebene – die symbolische Ebene - des EIS-Prinzips erreicht.

Dadurch, dass in den vorgegangenen Stunden eine intensive Vorarbeit anhand der ganzen Zahlen und des Klimas Europas stattgefunden hatte, war es den SchülerInnen möglich, das bereits Gelernte in einem Klimadiagramm umzusetzen. Mein Vorgehen zuerst die Temperaturkurve und dann die Niederschlagskurve zu besprechen, erwies sich als eine gute

Entscheidung, denn es war für die meisten SchülerInnen kein Problem, das Diagramm zu lesen und zu interpretieren. Die SchülerInnen konnten sich erklären, wieso die Temperaturunterschiede von Helsinki und Athen so groß sind. Somit wurde das Ziel der Stunde erreicht.

Die anschließende Einübung der Klimadiagramme wurde von den SchülerInnen mit Begeisterung durchgeführt. In den folgenden Stunden präsentierten sie stolz ihre Ergebnisse und äußerten in der abschließenden Reflexion, dass sie sich diese neue Art des Lernens in der Zukunft öfters wünschen würden.

8 Resümee

Im Titel meiner Arbeit heißt es „Fächerverbindendes Arbeiten in einer 7. Klasse am Beispiel Europa" d.h., dass beide Bereiche notwendig sind, um ein Fortkommen auf dem Weg zum Ziel zu erreichen. Allerdings trifft der Begriff „fächerverbindend" keine Aussage darüber, wie groß jeder Anteil der beiden „Radfahrer" sein muss, um das Ziel zu erreichen. Am Anfang des Schuljahres war ich mir relativ sicher, dass der „Mathematik-Radler" mehr Arbeit leisten müsse, da ich in der Klasse mit fünf Stunden Mathematik und zwei Stunden WZG unterrichte. Mittlerweile konnte ich sehen, dass man auch die Arbeit des „WZG-Radlers" nicht unterschätzen darf. Durch mein Vorhaben, fächerverbindend zu arbeiten, wurde die Aufteilung 5 Stunden Mathematik und 2 Stunden WZG aufgelöst. Ich hatte sieben Stunden in der Woche, in denen ich mathematische und „WZG-haltige" Inhalte vermitteln konnte.

Nach der Umsetzung meiner Arbeit stellte ich verstärkt fest, dass sowohl der Mathematikunterricht als auch der WZG-Unterricht Grunderfahrungen vermitteln muss und Situationen anbieten sollte, in denen die SchülerInnen grundlegende Erfahrungen machen (vgl. Ganze Zahlen durch Experimente erfassen). Im Rahmen meiner „fächerverbindenden Arbeit" am Beispiel Europa, konnte ich in meinem Unterricht beobachten, wie sich SchülerInnen voller Begeisterung und Faszination am Thema beteiligten und dabei vergaßen, dass sie gerade Mathematik- bzw. WZG-Aufgaben bearbeiteten. Sie begannen sich für die verschiedenen Zusammenhänge zu interessieren und überlegten neue Aufgabenstellungen. Es entwickelte sich geradezu ein Forschungsdrang.

Ich denke, dass die von mir gesetzten Ziele für diese Unterrichtseinheit von den Schülern erreicht wurden. Das angewandte „fächerverbindende Arbeiten" in der Mathematik und WZG am Beispiel der Klasse 7 würde ich jederzeit wiederholen. Ich könnte mir gut vorstellen, dass sich auch andere Fächer und Inhalte miteinander kombinieren ließen.

Ich bin mir der Tatsache bewusst, dass der Unterricht nicht von einem Tag auf den anderen verändert werden kann. Dies wird vielmehr ein langsamer und wahrscheinlich lebenslanger Prozess sein. Durch meinen Unterricht habe ich einen ersten Grundstein für fächerverbindendes Arbeiten in meiner 7. Klasse gelegt und ich wünsche mir, dass diese Möglichkeit des Unterrichtens in meiner Klasse weiter gefördert wird.

9 Literaturverzeichnis

➤ **Dörmer, U. und Obermaier, G.**: Fächerübergreifender Unterricht. In: Böhn, D. (Hrsg.): Didaktik der Geographie. Begriffe, München, 1999.

➤ **Geographie und Schule**: Fächerübergreifendes Arbeiten, Köln, Aulis Verlag, August 1998, Heft 114.

➤ **Kirchberg, G.**: „Fächerübergreifender" Geographieunterricht. Zu den Möglichkeiten, Formen und Grenzen des fachoffenen Unterrichts, Geographie und Schule, Köln, Aulis Verlag, 1998 Heft 114.

➤ **Ministerium für Kultus, Jugend und Sport Baden-Württemberg**: Bildungsplan für die Hauptschule, Stuttgart, 2004.

➤ **Northemann, W.**: Fächerübergreifender Unterricht. In Horney, W./Ruppert, J./ Schultze, W. (Hrsg.): Pädagogisches Lexikon, Gütersloh, 1970.

➤ **Praxis Geographie**: Fächerübergreifender Unterricht I, Braunschweig, Westermann Verlag, Januar 2004, Heft 1.

➤ **Welt-Zeit-Gesellschaft 2**: , Hauptschule Baden-Württemberg, Braunschweig, 2005, Westermann Verlag.

➤ **Wunderlich**: 1,2,3 mit allen Sinnen, Lichtenau, 2000